非遗北京

北京非物质文化遗产传承人口述史

An oral history of the successors of intangible culture heritage in Beijing

北京非物质文化遗产
传承人口述史

北京非物质文化遗产保护中心 ◆ 组织编写

苑利 顾军 ◆ 丛书主编

杜新士 ◆ 口述 李自典 ◆ 整理

京作硬木家具制作技艺▮杜新士

首都师范大学出版社

CAPITAL NORMAL UNIVERSITY PRESS

图书在版编目（CIP）数据

北京非物质文化遗产传承人口述史. 京作硬木家具制作技艺·杜新士 / 苑利, 顾军主编. — 北京：首都师范大学出版社，2015.10

ISBN 978-7-5656-2234-2

Ⅰ.①北… Ⅱ.①苑… ②顾… Ⅲ.①民间工艺—介绍—北京市②民间艺人—介绍—北京市③木家具—制作—介绍—北京市④杜新士—生平事迹 Ⅳ.①J528②K825.7

中国版本图书馆CIP数据核字(2015)第011473号

AN ORAL HISTORY OF THE SUCCESSORS OF INTANGIBLE CULTURE HERITAGE IN BEIJING:HARDWOOD FURNITURE DU XINSHI
北京非物质文化遗产传承人口述史　京作硬木家具制作技艺·杜新士
北京非物质文化遗产保护中心　组织编写
苑利　顾军　丛书主编

责任编辑　王延娜
首都师范大学出版社出版发行
地　　址　北京西三环北路105号
邮　　编　100048
电　　话　01068418523（总编室）01068982468（发行部）
网　　址　www.cnupn.com.cn
印　　刷　北京捷迅佳彩印刷有限公司
经　　销　全国新华书店发行
版　　次　2015年10月第1版
印　　次　2015年10月第1次印刷
开　　本　710mm×1000mm　1/16
印　　张　7.5
字　　数　73千
定　　价　35.00元

编委会

目 录
CONTENTS

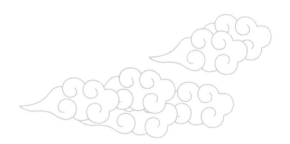

>> 京作硬木家具制作技艺项目导读
INTRODUCTION TO HARDWOOD FURNITURE

　　"家具"即"家庭用具"之意，有家必有家具。中国古典家具是中国文化的重要组成部分，历史悠久，是中华民族的文化遗产。从商周时即有凳、桌出现，后历经各朝各代的演变，到明清时期中国家具发展达到鼎盛，在造型、工艺、装饰、用材等各方面都日趋成熟。明清时家具产品由于不同地域的生产风格不同，逐步形成代表诗意江南的苏式家具、岭南地区的广式家具和皇室宫廷的京式家具三大流派，分别简称为苏作、广作、京作。

　　京作硬木家具，广泛地讲又分为两个发展时期，明代时京作家具讲究线条简单流畅，结构严谨精致，到清代后京作家具主要指内务府造办处承担制作的供皇宫使用的家具。因造办处财力、物力雄厚，除了聘请本地木工手艺高超的师傅外，还从苏、广两地招募了许多能工巧匠，制作家具时不惜工本和用料，选材以紫檀、黄花梨和红酸枝等几种珍贵木材为主，装饰力求豪华，镶嵌金、银、玉、象牙、珐琅等珍贵材料，制作技艺的核心是榫卯结构，这样使京作家具形成特有的皇室宫廷风格。线条挺拔、曲直相映，造型严谨端庄、典雅秀丽，用材名贵，工艺讲究，装饰手法上透着威严、豪华、端庄的气息。从历史文献记载来看，清宫造办处曾为皇室制作了大量的京作家具，广泛见于宝座、床榻、几案、椅凳、屏风等品类之中，成为清朝皇宫中重要的陈设。后来，随着清王朝的衰落，造办处不少工匠流散到民间。京作家具才越过层层宫墙来到"民间"，逐渐被人们熟知。

◆ 高托泥皇宫圈椅

Furniture literally refers to household appliances. It is fundamental to every family. Classical Chinese furniture, as an important component of Chinese culture, has a long history and is a key piece of the cultural heritage of the Chinese nation.

Sophisticated Chinese furniture began emerging in the Shang and Zhou Dynasties (1600—221 B.C.) with benches and tables, and enjoyed centuries-long heydays across the Ming and Qing dynasties (1368－1911) as it developed into sectors of moulding, craftsmanship, decoration, and utilization of materials.

Furniture from the Ming and Qing dynasties differed in style with each geographical region of production, which can be classified into three schools: the poetic Su from regions south of the Yangtze River, Guangdong south of the Five Ridges, and royal Beijing.

The Beijing-style furniture experienced two stages of development, the Ming Dynasty, which is characterized by simple and smooth lines and rigorous and delicate structures, and the Qing Dynasty, which were made mainly for royal purposes.

Royal furniture was usually made by highly-experienced artisans from both Beijing and provinces of Jiangsu and Guangdong because of the abundant financial resources and disregard for cost. Expensive timber such as red sandalwood, scented wood and santos rose wood, always topped lists of first-choice materials. Other precious materials such as gold, silver, jade, ivory, and enamel were employed to inject further luxury to the core technique of the mortise and tenon joint structure. The lines of such furniture are striking as they set each other off, while the configuration is rigorous, dignified, elegant, and beautiful. Composed of valuable material and sculpted with superb craftsmanship, the furniture is bestowed dignity, luxury, and elegance.

Historical records show that a workshop known as Qinggong was a major producer of massive Qing-dynasty royal furniture, including thrones, beds, banquet tables, benches, stools, and screens.

As the Qing empire declined, many craftsmen left the workshop and helped make royal furniture popular with the general public.

>> 京作硬木家具制作技艺传承人导读

INTRODUCTION TO A REPRESENTATIVE INHERITOR OF HARDWOOD FURNITURE

　　杜新士，1954年生于北京，自小生活在家具木器制作的环境中，耳濡目染地学会了京作家具制作技艺。但是他早年并没有以制作家具为业，而是在电车公司修配厂当铣工，后到国贸中心物业管理部负责门窗维修工作。改革开放后，他重操旧业恢复了杜顺堂家具行的字号，后来发展为北京杜顺堂木作文化创意发展有限公司，企业规模不断扩大，制作的京作硬木家具也越来越丰富。2004年12月，在第七届中国（北京）国际家具及木工机械展览会上，杜新士设计的书房系列家具荣获古典家具铜奖。2009年，杜新士在第三届中国民间艺人节被评为"最受欢迎的民间艺术家"称号。

◆ 京作硬木家具第五代传承人杜新士

Du Xinshi was born in 1954 in Beijing, to a family of carpenters. Familiar with the craft since childhood, his working life didn't start with carpentry. Rather, he worked at a bus repair factory and later served at a maintenance department for repairing windows and doors.

When China implemented its reform and opening-up policies in 1978, he returned home and revived the time-honored family business, which has now become a famous company.

In December 2004, one of his series won the Bronze Medal for Classic Furniture at the 7th China (Beijing) International Exhibition of Furniture and Woodworking Machinery. In 2009, Du Xinshi was dubbed the "Most Acclaimed Folk Artist" at the 3rd China Folk Artist Festival.

木香傳家

木有形
纹有言
刨花飞向天
胸有竹
意有念
硬木雕大观
弹指间
木香传人间

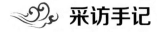 **采访手记**

时间地点：2013年3月12日　北京杜顺堂家具行厂房
受采访人：杜新士
采 访 人：李自典

　　一早，北京迎来了初春的第一场小雨。中午时分，雨停了。雨过之后的天空显得宁静很多，空气中散发出一种混合着泥土的青草味道。今天是我们项目组成员第一次约访杜顺堂京作硬木家具技艺传承人杜新士老师，大家很是兴奋。于十二点半集合后，大家坐上地铁，约摸一个多小时来到双桥站，走出地铁后，大家一起乘坐出租车，又经过约二十分钟，终于来到朝阳区南豆各庄乡于家围南队甲9号的杜顺堂家具行厂房，在门口见到了热情迎接我们到来的杜新士老师。

　　几句寒暄之后，跟着杜老师，我们一起走进院门。首先我们就看到了"杜顺堂"牌匾横挂在第一间办公室门上，两边是祖辈流传的表达企业宗旨的对联"杜顺堂堂堂正正质为本，家具行行行诚诚信乃根。"穿过一个走廊，我们来到杜老师平时办公的房间，一进门映入眼帘的便是墙上正中摆挂的"杜顺堂"牌匾，环视一周，房间里摆放的都是古色古香的硬木家具。杜老师招呼我们一行人落座，之后很热情地给我们沏上热茶，边喝茶边聊天，慢慢就开始给我们讲起了他们家从业的历史。

◆ 杜新士近照

从木器家具铺到杜顺堂家具行
FROM WOODEN FURNITURE SHOP TO DUSHUNTANG STORE

谈到我们家从事京作硬木家具制作的历史，那要从我老太爷那时说起，说来也就话长了。那时正值清朝走向没落时期，我们河北衡水老家的生活比较困难，为了生计，我的老太爷杜长福从小就离开老家来到北京当学徒，学做木器家具。他那时候学习木器活，一方面是因为老家那边有做木匠的传统，另一方面他也喜欢干这行。我的老太爷到北京后，先是在一家杜姓店中当学徒，后来又到一家赵姓家具行中做工。这位赵师傅听说原来是内务府的师傅，手艺比较好，但那时候对跟着做工的匠人，师傅是

不会手把手教你怎么做活的。俗话说"教会徒弟，饿死师傅"。所以，学手艺是很苦的，给人家当学徒，不仅要做许多打杂的活计，还要有眼力见儿，要多看多动脑子，之后自己琢磨，没有悟性是学不会的。就这样，经过多年的磨炼，后来我的老太爷基本掌握了家具制作的手艺，然后就开始把这门手艺教给他的儿子杜老田，也就是我的太爷。我的太爷杜老田从小除了跟他父亲学这门手艺之外，也在北京其他的家具店当过学徒，这样使他接触了更多的制作技能，因为不一样的师傅做活技巧是多少有些不同的。学有所成后，父子二人在崇文门

外沙土山合开了一个"木器铺",起名为"杜顺堂",开始自己制作硬木家具。起初店铺只是在农闲时节运转,农忙时父子还要回河北老家务农。那时资金少,无力购买大量较为贵重的硬木原料,也做些杂木家具,如榆木、桃木等。经营方式也因为没有余资及富裕人力,只能是"代加工"制作家具,供应开店的商户售卖。

说到"杜顺堂"的名号,很有一些讲究。因为按"五行"说:土能生木,家具以木为主,所以"土"和"木"在一起相辅相成,两个字组合起来即是"杜",而我们家又姓杜,因此选"杜"字具有双重含义。至于"顺"字,"川"字代表水,

◆ 河北衡水的杜家老宅

木生长离不开水，"顺"字另一半是"页"字，"页"字接近古代宝贝的"贝"，有指代钱的意思，十贝为"财"，"川"与"页"合在一起即为"顺"。"堂"多用于商店牌号，所以"杜顺堂"就成为我们家一直传承使用的名号。

◈ 杜顺堂牌匾

我的老太爷他们开办起来"木器铺"的时候，适逢清末国势衰败，造办处原来财力物力丰厚的态势不再，为节俭用度，一部分所需家具也开始改为由宫室出图样，然后交给民间家具店加工制作。就这样，我老太爷他们开办的"木器铺"也有幸得到一部分宫中订单，一方面得以接触宫中正宗的"京作"硬木家具款式图样，另一方面也扩大了自己的业务，延请了几名木工，"木器铺"也随之发展成了杜顺堂家具行，既制作京作家具，也管理经营销售业务，自此奠定了"杜顺堂"的根基。

到我太爷的儿子杜仁岑（也就是我爷爷）子承父业继续从事京作家具制作时，清朝灭亡了，京作家具的消费主体由宫中达官显贵逐渐变为广大中等水平财产所有者，即新贵。这一

◆ 杜家三代合影（前排居中老者为杜仁苓，第二排左起第五人为杜金德，第二排左起第三人为杜新士）

方面得益于造办处衰败后京作家具进入民间，为老百姓所认知，另一方面因皇室、贵族起居的特殊要求而制作的京作家具体态豪华、凝重宽大，透着雍容华贵和威严的气息，很有皇家风范，在王朝统治影响深远的北方老百姓中很受追捧。为适应社会形势的变化，我爷爷在经营杜顺堂家具行的

时候，适时根据社会需要调整了经营策略，在继承传统的基础上，开始创新一些产品，使其适应新的消费群体的需要。但好景不长，随着日本全面侵华的开始，北平沦陷，在日伪统治下，各行各业的发展都受到限制，杜顺堂家具行也难逃劫难，最终在经营困难的境遇下关门歇业，我爷爷他们

不得不回老家务农。

我父亲杜金德1934年在河北衡水老家出生后，从13岁起就跟着我爷爷学习京作家具木器制作手艺。新中国成立后，他通过考工来到北京光华木材厂从事木工工作。听我父亲讲，当时考工时让做一把

◆ 杜新士儿时与父母及祖母合影（右一为杜新士）

办公椅，我父亲做了一把四腿八叉的椅子，很漂亮，受到好评，被定为八级木工。进厂后，我父亲全身心投入工作，每天都很晚回家，后来担任木工三车间工段长二十多年，兢兢业业地辛苦工作一直到退休。我父亲为人正直、能干，在厂里提起他，大多数人都认识他，而且都很尊敬他。我父亲那种全身心投入工作的热情对我们后代也产生了很大影响。我父亲到光华木材厂工作后，我们家就开始在光

华木材厂的宿舍住，一排二十四户，大概有十五六户都是做木工的。我们家周围大都是干木工活的，所以从小我们一起长大的孩子都跟着大人学做些木器家具的活。那时候日子还是比较穷，赶上"文化大革命"时，我们家人口多，有爷爷奶奶，还有我们几个孩子，我父亲每月挣几十块钱，我母亲在街道干活，家里经常不够吃，根本没钱置办什么家具。我们家用的家具都是从光华木材厂买的下脚料，

◆ 杜新士父亲杜金德

然后我父亲和我叔他们下班后带着我们几个孩子自己做的，包括我姐姐结婚，后来我结婚用的家具都是自家做的。我从小就生活在这样的家庭，所以耳濡目染地也学会了家具制作的一些技艺。

我后来上了电车公司的技校，1974年毕业后在电车公司修配厂工作了十七年，当过铣工，电焊工、气焊工都做过。后来1993年我又到国贸中心物业管理部工作，主要负责门窗维修之类的活计。中国对外开放，使得中外贸易发展获得前所未有的良好机遇。那时国贸中心是中外合资企业，正是在这儿工作的经历，使我有机会接触到外宾。通过观察，我发现外国人比较喜欢咱们中国的老花板。于是我下班后就开始注意收藏一些老的雕花板，接触这些花板多了，自己也慢慢摸索着雕一些，卖给外国人，我父亲下班后也会帮帮忙，给我指导指导。一边上班，一边利用下班后的业余时间做些雕刻花板的活计，这样的日子过了差不多三年，因为顾客需求量增长，后来我干脆辞去了国贸公司的工作，自己单干了。起初主要在自己家院子里干活，后来因场地太小，租过松榆里和小武基的地下室。做好成品后，最开始在潘家园摆地摊售卖。那时候一部分外国人和改革开放后留学回来的人比较看重中国古典风格的家具款式，他们成为带动这个市场发展的主力军。随着业务的扩展，后来我在我父亲杜金德和岳父孙书荣的帮助下，重新恢复了杜顺堂的字

号，成立了杜顺堂古典家具行，他们退休后几乎天天来家具行，帮忙指导技术工作。就这样一步步发展，到2001年时我们杜顺堂家具行在北京市朝阳区南豆各庄乡于家围南队甲9号承租了这个几千平方米的厂房，还在潘家园有了自己专门的销售展厅，在河北三河还有一处厂房车间及仓库设施。

杜顺堂古典家具行在2008年北京奥运会前后达到了一个发展的高峰，企业规模在那时期也达到鼎盛，工人数量有120多人，还有十几家合作的加工车间，业务范围也不断扩大，生产制作的京作硬木家具在继承明清古典风格式样的基础上，还生产一些雕花顶箱大柜、多宝格、条案、官帽椅、雕花圈椅、屏风等，还根据现在人们的生活习惯，创新设计了一些新的家居陈设式样，比如电视柜、咖啡台、写字台、酒柜、沙发椅、玄关鞋柜等。创新的家具款式是顺应时代发

◆ "杜顺堂" 门前楹联（其内容是其企业文化理念）

展需要的，但传统的工艺并没有变，这样就更贴近百姓生活，也深受老百姓喜欢。在用料上，既有紫檀、金丝楠木等名贵木材，适应一些高端客户需求，也使用一些樟木、老榆木料，适应普通百姓需求。消费群体最初以外国人为多，现在国内的顾客越来越多，有文人、画家、收藏家，也有普通老百姓，这与我国经济发展，人们的物质文化生活水平提高有很大关系。以前好多订单是按照客户要求定制的，多为厂家生产直销给客户，现

◆ 杜新士

在随着消费量的增长，通过门店零售越来越多。

后来杜顺堂古典家具行改为北京杜顺堂木作文化创意发展有限公司，其企业的文化旨意仍沿用古训："杜顺堂，堂堂正正质为本；家具行，行行诚诚信乃根。"正是遵照这种文化旨意，"杜顺堂"出品的系列家具才件件质量优良，并于2005年被北京质量协会重点推荐为"名优品牌"。2006年，又经北京质量协会推荐，"杜顺堂"牌（系列产品）被授予"2006年质量月·质量百佳品牌"。2009年，"杜顺堂"加入北京老字号协会，成为其中的一名会员，我们每年都参加北京老字号展，一方面可以宣传京作硬木家具制作技艺，另一方面也扩大了"杜顺堂"的品牌影响力。最近几年，随着市场的变化，尤其是原材料硬木市场的骤然升温，使

得"杜顺堂"的发展速度有所放缓，但是京作硬木家具在近年来却越来越受到政府与民众的关注，它不仅仅代表了一种木作技艺，而且承载了悠久的历史文化。2009年杜顺堂古典家具厂申报的"京作硬木家具制作技艺"被列入了第二批北京市非物质文化遗产代表性项目名录，其项目名称为。自此，杜顺堂古典家具行的发展除了作为企业的一面，还被赋予了传承传统京作硬木家具技艺这一另外的责任。这之后，每年"杜顺堂"都参加北京市非物质文化遗产展览会，使越来越多的人开始了解和关注京作硬木家具制作技艺，这对传承这项技艺意义重大，也对推广与经营杜顺堂木作文化创意发展有限公司有着直接帮助。2013年，杜顺堂木作文化创意发展有限公司成为中华文化促进会木作文化工作委员会的团体会员，还被授予"中国京作家具品牌企业"称号。

京作硬木家具制作技艺传承谱系

　　京作硬木家具制作技艺目前已传承了六代人。创始人是杜长福，1863年生于河北省衡水市杜家村。清道光年间，杜长福来到北京做木工学徒。其后，他的儿子杜老田也从小便在北京当学徒，学习制作"京作"家具，学有所成后，父子共同开了一个"木器作坊"，由此始在北京以制作硬木家具为业。第三代传承人杜仁苓接班时，清朝灭亡了，随后经历日伪统治时期，杜顺堂家具行遭受了灭顶之灾，关门歇业。后来，第四代传承人杜金德继承家学，新中国成立后通过考工来到了北京光华木材厂工作，曾参加了光华木材厂承接的建国十大建筑的木工活计等重大工程。杜顺堂的第五代传承人便是本书的主角——杜新士先生。他的儿子杜冠男作为第六代传承人，大学毕业后也回到杜顺堂公司工作，继续传承京作硬木家具制作技艺。

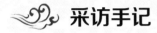

采访手记

时间地点：2013年5月17日　北京杜顺堂家具行厂房
受采访人：杜新士
采 访 人：李自典

　　经过一段时间的接触，我们这个项目小组成员对杜顺堂京作硬木家具制作技艺的发展传承历史有了一个初步了解，但是对从木料怎么一步步加工生产成各式各样的家具的过程还基本没有什么概念，而对杜新士先生是怎样把这一整套技艺学到手的，更是很感兴趣。于是，带着疑问，我们再次来到位于朝阳区南豆各庄乡于家围南队甲9号的杜顺堂家具行厂房，继续听杜先生给我们讲起他学艺的故事。

2 学艺生涯
LEARNING THE SKILLS

我们家制作京作硬木家具的这门技艺主要是通过父子相传沿袭下来的。最早是我老太爷杜长福自小离家来北京当学徒开始学习这门技艺，他学有所成后，就把技艺教给了我太爷杜老田，同时我太爷也在北京当学徒跟别的师傅学习过。多方的培养，使我太爷的手艺越练越好。之后开办了"杜顺堂木器铺"，后发展成杜顺堂家具行。有了自己的家业，后来我爷爷自然也得到太爷的教诲，继承发展了京作家具制作技艺。后来爷爷又把技艺传给我父亲。但时代变换，我父亲在新中国成立后通过招考进入光华木材厂当了木工工段长，自己家里就没有再经营家具店铺了。不过自己家用的家具都是父亲、叔叔他们从工厂买来下脚料，下班后自己制作的。我们小孩也跟着打打下手，做个马扎，推推刨子之类的活计。

小时候我们家住在光华木材厂的宿舍，从小我和弟弟还有其他工友的孩子就生活在制作家具的一个环境中。暑假期间，我们一群小孩都有些家具小活计干，比如做个小板凳之类的，父亲还有其他工厂的大爷叔叔们下班后就给我们指导一下，做得不认真的还会挨训。那时候的光景虽然不

◆ 杜新士在岳父孙书荣的示范下学习京作家具制作技艺

富裕，生活比较艰苦，不过小伙伴在一起边玩耍边学做活计，大家还是比较快乐的。现在想想以前一群小孩在一起制作板凳马扎的场景，还感到很快乐。小时候的生活氛围、父辈的言传身教为我以后从事京作硬木家具制作这个行当打下了基础，因为耳濡目染的生活使我自小对京作家具制作有了深刻的记忆，即使多年后重新从事这个事业也从心底里感觉亲切。

我长大后，从电车公司技校毕

业就到了电车公司修配厂工作，在这里跟着张玉亮师傅学习铣工技术。张师傅为人非常严谨，我跟着他练就了一手铣工等活计，更多的是学习了一些规矩，懂得尊重手艺人。在跟着张师傅当学徒期间，我每天都要提前半小时到工厂，在上班前把车间打扫干净，把机器擦拭整洁，八点钟师傅来了准时开机工作。下班后，赶紧去打水，等师傅洗完第一遍手后，自己再洗手。师傅出了车间门，我要把车间门锁好后再跑着把钥匙给师傅送去。就这样，在电车公司修配厂十几年的工作经历，使我得到了很大锻炼，不

◆ 杜新士与员工一起在其岳父孙书荣的示范下学习京作家具制作技艺

仅掌握了一门技艺，更锻炼了手脚的灵活性，这对我以后重新做家具是有很大好处的，因为手艺之间有些东西是相通的。

后来我又到国贸中心物业管理部干过修理门窗的工作，改革开放后对外贸易的发展使我看到了一些商机，于是经过几年的摸索，在我父亲杜金德和岳父孙书荣的帮助下，我重新恢复了"杜顺堂"名号，建立起杜顺堂古典家具行。我父亲和岳父他们都是干了一辈子木工的，在杜顺堂古典家具行重新建起来后，他们几乎天天到这里给我做技术顾问，指导各个生产环节的具体操作，把几十年的经验积累都毫无保留地传授给我，可以说我后来在制作京作硬木家具方面有点成绩都是他们精心栽培的结果。父辈们对家具制作的认真劲儿也是值得我们后辈永远学习的。在他们看来，多小的一个环节在家具上都不能含糊，即使是一个楔子也要安装到最好才能整体把质量达到最优。也正是在他们认真严谨的要求下，我和我员工的制作技艺才得以有了很快的提高。说到这，不得不提我的另一位恩师——李承兆先生，他1921年生于北平，12岁进入中国古玩、古典家具行业钻研，对中国古玩及家具的鉴赏有着很深的造诣，一个巧合的机会与李先生结识后，我对他特别敬仰，毛遂自荐尊他为师傅，后来聘请他为杜顺堂古典家具行的高级顾问。跟着李先生，我了解了更多中国古典家具承载的传统文化内涵，对如何经营古典家具业也有了更深刻的认识。

当然，京作硬木家具制作的技法和表现手法方面，每个人各有千秋，达到完美的程度需要不断学习和不断提高。俗话说：艺无止境。我们杜顺堂在制作京作家具方面坚持不断追求进步，时常邀请一些行内或者相关行业的专家来指导工作。比如我们曾邀请中央美术学院民间美术研究室主任

◆ 杜新士与其恩师李承兆先生在一起交谈

靳之林教授给我们做美术指导，靳教授是中国美术家协会会员，在绘画方面有很深的造诣，请他来给我们指导，讲解一些美术方面的知识，对提高杜顺堂家具雕刻工艺起到非常重要的作用。还有一些家具制作方面的专家、老师傅、老艺人、老匠人，他们到我们店里以后，对家具的结构或者整体的造型等提出了很多好的合理化建议，我从心里特别地感激他们，都把他们当成我的老师。我跟全厂职工说过："我们杜顺堂有今天，就是在专家师傅们指导的过程中，一步一步地改、改、改，改到

◆ 杜新士在中央美院的靳之林教授指导下学习家具雕刻技艺

今天的。"我认为在传习技艺方面，艺人的心胸应该开阔，
这样才能不断地挑战自己，最终才能不断地提高自身的技艺
水平。

采访手记

时间地点：2013年5月17日　北京杜顺堂家具行厂房
受采访人：杜新士
采 访 人：李自典

又一次见到杜新士先生，听他讲了自己的学艺生涯后，他带我们到了另一间办公室。一进门，我们就发现墙上挂着一幅"杜顺堂古典家具制作流程图"。一个环节接着一个环节，一共十多个工序下来，木料才能变成我们想要的家具。看着我们好奇的眼神，杜新士先生笑着说，"大家先看看工艺流程图，然后我带大家到具体生产车间去看看，那样各位对京作家具制作的流程才会有切身的感受和认识。"杜先生的话一下子说到了我们的心里，于是大家兴高采烈地跟着进入了有些神秘的生产车间。

杜順堂在制作工藝上，從采購質原木到設計制作成品每個環節嚴格把住質量關，每道工種嚴謹有序。

其生產制作古典家具的流程，大致如下：

采購優質原木—原木開片—烘幹處理—開料配料—木工制作—雕刻—刮磨打砂—油漆—銅件裝訂—成品—包裝出連。

生产制作一件家具，一般都需要一定的工具。制作家具也一样，正式工作之前必须对其工具使用要熟悉。

在制作京作硬木家具方面，纯用手工的工具大概有二三十件，比如刨子主要用来刨直、削薄、出光、作平物面，勒子和角尺主要用来画线，钻用来打孔，凿子用来打眼等等。此外，现在的工厂也采用一些机器工具，比如雕刻机、开片机等，这些操作规程在开工之前是制作者必须熟悉的，也是一个基本的技能要求。

杜顺堂在制作工艺上，从采购

◆ 制作家具使用的传统手工工具（从左到右依次为斧头、锤子、钻、钳子、锯、凿子、角尺、勒子及各种规格的刨子）

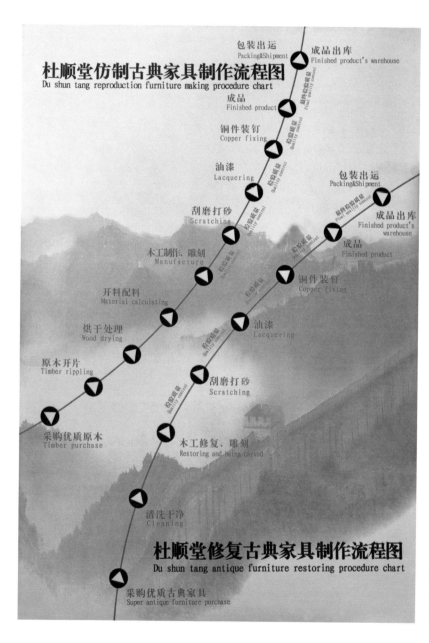

杜顺堂仿制古典家具制作流程图
Du shun tang reproduction furniture making procedure chart

杜顺堂修复古典家具制作流程图
Du shun tang antique furniture restoring procedure chart

◆ 杜顺堂仿制、修复古典家具制作流程图

优质原木到设计制作成品每个环节严格把住质量关，每道工种严谨有序。其生产制作古典家具的流程，大致如下：采购优质原木—原木开片—烘干处理—开料配料—木工制作、雕刻—刮磨打砂—油漆—铜件装订—成品—包装出运。具体为：

1. 采购优质原木

选好材料是进行木制家具生产制作的第一步，也是非常关键的一步。材料分旧材料和新材料，旧的材料比如老榆树、老樟树坨，就是从过去老房子上拆下来的老料，料在上面自然干燥，它的稳定性就比较好，做家具不易变形。红木、花梨、紫檀差不多都从东南亚一带进口，也有新料和老料之说，

越南老红木来自二战时期美国轰炸越南时火烧过的林子，大火后一些树干留下了，被称为过火料，这种料的干燥性比较好。现在老料少了，红木使用相对来说多了些，但是新料也面临着供应困难的局面，因为要保护树木，很多木材是禁止砍伐使用的。判断材料好坏的主要标准是看其密度和直径大小。从树种来说，花梨木整个颜色发黄但里面有红，红木整体发红

◆ 选料

但是细看又有黄和黑金色，紫檀发黑但是又有红线和黄线。金丝楠木的感觉比较细腻，内有金丝，含金，有传说楠木山底下有金矿。选料一般要一到两个人，找到一块料得先看它的纹理，弄清它适合做什么类型的家具，不同的家具风格要选用不同的材料，不同的材料有不同的用处。一般立柱纹理比较直，花型好的，要做柜子的门板。

2. 原木开片（又叫"破料"或"开料"）

选好料后，就要开片了。手工一般带锯开料，现在也有一些机器开料。人工开片是最原始的做法，手撑住，保持锯条稳定性，利用弹线来保证开出的是直线。过去要是大木料，就得需要两个人开，一个人在上面，一个人在下面。因为树木避免不了有裂缝，所以开料一般都是老前辈，他们工作经验比较丰富，能把握木料开出来后得到最大限度的利用。开料

有时候会碰上山水纹、人物纹等，还有如狮子、猴子等图案的，十分漂亮神奇。现在很多工厂采用机器开料了，用电刨比手工平刨刨得要光滑、顺直、美观，而且用机器开料更加安全，不容易错开，更不易产生事故，并且省时省力。

◆ 原木开片

3. 烘干处理

主要有蒸汽烘干、土窑烘干、真空烘干三种方法。一般烘干要经过40多天。土窑烘干就是盖一间房子，房子中间挖一个大坑，把木材码放在两边，往坑里填锯末，点着了，锯末不能着火，借用的就是那烟来烤木头，烘干最怕着火，还怕漏风。土窑烘干一般要经过三火，一火即第一次装入烧锯末，焖二十多天；二火是第二次装锯末点着烘干，要十多天；三火也要十多天。老榆木一般过一火即可，因为本身比较干燥，一火后减少吸缩，水分更少。红木、花梨一般要经过二至三火。新料先风干半年，再烘干。现在用蒸汽和电的蒸汽烘干、真空烘干的比较多。到厂的一般都是已经烘干好的材料。

4. 开料配料

原木开片后，根据图纸设计方案，进行开料配料。首先要平刨压

◆ 配料

料，下料以后画线，由毛料变精料。之后画线打眼儿开凿。手工打眼儿一般用凿子、锤子，干这活必须坐着，保持稳定性。现在很多工厂采用机器凿眼儿了，右手握住手把并上下移动机器钻头就可以完成打眼儿。这样操作更加方便省力，打完了也是方眼儿，便于使用。除了打眼儿，还要做的配料活就是开榫儿。开榫儿是为了和刚打的眼儿相插，拼接在一起。开榫儿的活也有手工和机器操作之分，技法与打眼儿类似。

◆ 手工画线

5. 木工制作、雕刻

开料配料的活准备就绪后，就可以雕刻了。雕刻也分手工雕和机器雕两种。手工的雕刻一般更细腻、形象生动，干这个活计的需要是比较成熟的师傅，因为雕刻不仅仅是简单的手工操作，在雕刻之前就需要师傅把内容内化于胸，胸有成竹了下笔才会有神。而且手工雕刻是需要长时间磨炼的，没有一定的功力这个活计是没法操作的，因为手工雕刻是容不得有半点差错的，一点小错可能就毁了整个的效果。现在有些工厂采用雕刻机

◆ 手工雕刻　　　　　　　　◆ 手工刨框

进行机器雕刻，其操作一般是通过电脑制图，把要雕刻的内容存储在一张磁卡里面，然后把磁卡输入到雕刻机上，开动机器，把板材压上，就可以开始工作了。机器雕刻效率比较高，而且定好图案后一般不会出错，但是

机器雕刻的效果显得比较呆板一些，流水线下来的产品都是一个效果，没有灵性。雕刻之后，就可以按照榫卯结构相连的原则，把已经打眼儿和开榫儿的板材拼接，攒活儿完成组装，之后就是刮磨打砂。

◈ 严榫　　　　　　　　　◈ 严门

6. 刮磨打砂

　　刮磨打砂一般用砂纸手工操作的多，大厂也有用砂磨机的。手工打磨是用砂纸在家具上摩擦，过程耗时费力。机器打磨是用小机器在顺边处来回摩擦，使其平滑；一般平面用机器磨，而圆柱或其他形状用机器磨容易变形。不同材质的家具打磨有不同的工序，比如金丝楠木的打磨要先用120号粗砂纸手工打磨，再用180号粗砂纸打磨，之后用240号中砂纸打磨，再用300号中砂纸打磨，再用400号细砂纸打磨，再用600号细砂纸打磨，根据要求，可能还有的用1000号或2000号细砂纸打磨，其目的是充分提取木

 手工打磨

材的精美的纹理。打磨之后开始打腻子，这主要是为了把刮痕填平，堵一些小眼儿，使家具看上去更平滑。打磨和打腻子一般并不是一遍就可以完工的，有时要来回反复操作几遍才可以，而且头遍腻子和第二遍腻子是不一样的。一般第一层是水腻子，补小眼儿，之后再打磨，再上第二层油漆腻子，把有问题的地方给补一下，漏掉的补一下。下一步工序就是打蜡。

打蜡要先熬蜡，再刷上，再用喷灯加热烤，为了让蜡浸透木质，之后再用有机玻璃把多余的蜡刮下来，最后用抛光机或手工上光（一般来回用软布擦即可）。一般来说，楠木打磨之后多采用烫蜡，红木、花梨等要先熬蜡，再刷蜡，用喷灯加热烤，之后再起蜡，刮下来多余的，之后手工上光。

◆ 上蜡

7. 油漆

红木等硬度较高的木料一般上蜡后就不再油漆，不过上蜡后不耐烫，但比较容易修复。而榆木、桦木、松木、水曲柳等多为本色，因这些木材鬃眼较大，密度较小，需要填充，多采用喷漆的方式，一般先喷一遍底漆，打磨，再喷第二遍底漆，再打磨，之后再上面漆。在颜色要求上，一般喷漆上色多为红木、花梨、紫檀的颜色，追求自然色黑红黄三色美。喷漆一般先是竖着走的一个纹理，第二遍是横着喷的一个方向，这样主要为了喷洒比较均匀。上漆之后的家具不好修复，但是比较美观。

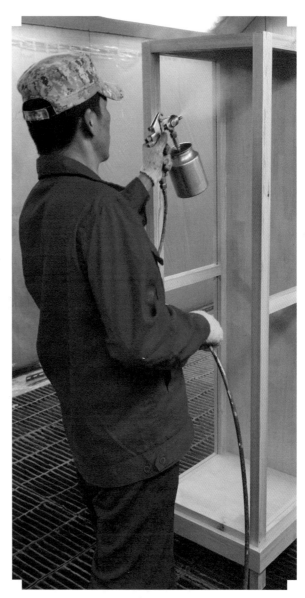

◆ 喷漆

8. 铜件装钉

铜件对一件家具可以起到画龙点睛的装饰作用，同时也起着实用的销锁功能。铜件的制作，人们多以黄铜、白铜作为古典家具的装饰，现在还有鎏金的，更显富丽堂皇。一般根据木材不同，铜件的使用也有不同选择，红木、花梨、紫檀等贵重家具上的铜饰一般多用錾雕的吉祥图案或者花纹图案，而一般榆木家具用的铜件就相对简单些了。铜件装钉是非常有讲究的，杜顺堂出品的家具上每个铜件都是手工制作的，其工艺考究，做工精细。

◆ 铜件装钉

9. 制成成品，包装出运

铜件装钉完成之后，一件家具就成型了，可以包装出库了。

我们杜顺堂京作硬木家具的制作工艺流程就基本如此，但真正操作起来是很费工夫的。首先是选料，很多人不重视选料，认为这个不重要，这种想法是不可取的。选料其实是家具制作的第一道工序，从选料开始，就已经体现出设计者的智慧了，因为不同材质的木料是适合制作不同类型的家具的。选料不仅要考虑到用这个材料制作自己想做的家具是不是能最大限度地利用木料，不使其浪费，而且还要考虑到它是否适合于做预想雕刻的图案等等很多方面，在正式开工前制作者都要心中有数了。还有一点要强调的是，手工的活计是我们着重要传承的技艺，因为机器操作可以通过书本、网络学习到，但是手工活必须要跟着老师傅学习揣摩，领会其中的奥秘和诀窍，通过长时间的积累才能有所得。就说我父亲吧，后来他年纪大了，要把自己使用过的一个刨子送给我，当他自己拿着那个刨子给我时，愣住了，因为那刨子是用压缩木制作的，硬着呢，然而使用了几十年居然用手磨出一个坑。我父亲很感慨，我接过这个刨子时同样很激动。这也许就是铁杵磨成针的效果吧。所以，学习这个手工技艺，没有这点毅力和精神是很难锻炼出来的。

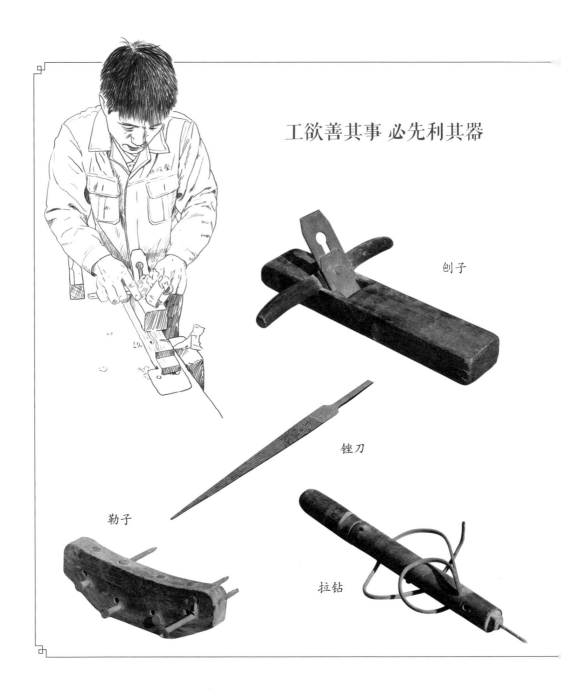

工欲善其事 必先利其器

刨子

锉刀

勒子

拉钻

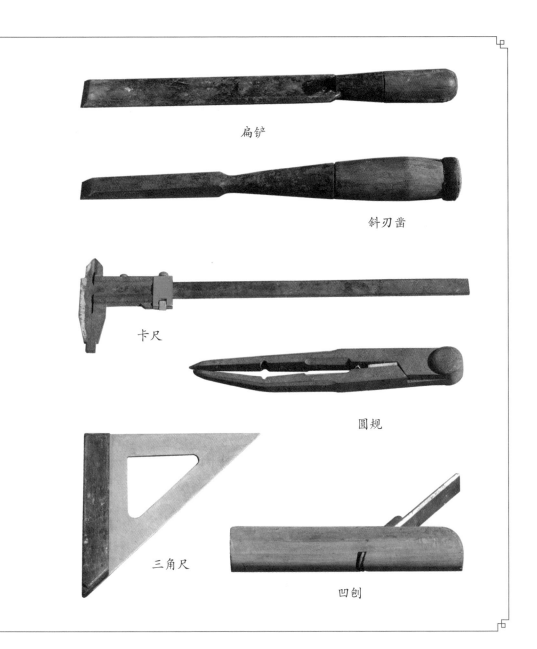

扁铲

斜刃凿

卡尺

圆规

三角尺

凹刨

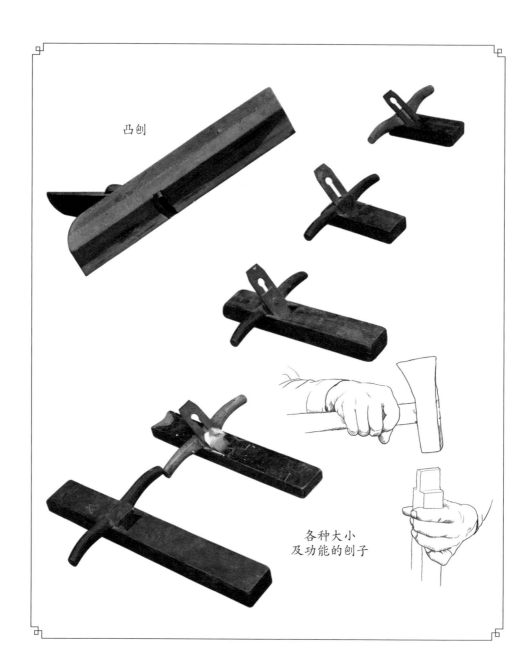

凸刨

各种大小
及功能的刨子

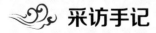 **采访手记**

时间地点：2013年7月6日　北京杜顺堂家具行厂房
受采访人：杜新士
采 访 人：李自典

　　上次在杜新士老师的带领下，我们项目组成员一起参观了杜顺堂的生产车间，一整天下来，基本对京作硬木家具的生产工艺流程有了大概的了解。随着接触的日子越多，京作硬木家具的魅力越吸引我们去进一步深入探索。通过电话联系，我们再次向杜新士老师表达了强烈的求知欲望，他很高兴地又一次接受了我们的约请。再次见面后，杜新士老师又一次把我们带入生产车间，一边通过实物展示，一边给我们讲起了这项技艺的技巧讲究之道。

4 榫卯结构与雕刻技艺

MORTISE AND TENON JOINT STRUCTURE & CARVING TECHNIQUE

京作硬木家具制作技艺的核心即在榫卯结构上。榫卯结构是硬木家具制作中通常在相连接的两个构件上的处理接合方式。京作家具的榫卯结构非常讲究，被业内人士普遍认为代表了中国古典家具的"最高水准"，也代表着明式、清式家具的"主流"。中国家具协会传统委员会高级顾问、北京林业大学特聘教授王秀林曾跟我们一起探讨过，他认为，虽然京作家具自成一派的时间较苏作、广作晚，但由于其诞生地北京四季分明、气候差异明显，直接导致工匠们所打造的京作家具在榫卯结构等方面最为完善

合理。榫卯结构将不同规制的木材拼合构造在一起，不用胶水不用铁钉，完全靠木材之间的一个联合，却使家具稳固耐用，起到天人合一的作用，留存百年而不变，它是我国传统木作工艺的精髓，来源于中国古代木制建筑中的榫卯结构。榫卯结构运用于家具中，可以随便拆装，方便搬家，所以应用非常的广。经过若干年的积累，榫卯结构的发展门类日益庞大，工艺越发严谨。

杜顺堂京作硬木家具制作在榫卯结构的运用方面尤其重视，基本继承了我国传统家具制作工艺中几十种

不同的榫卯，如：格肩榫、勾挂榫、楔钉榫等。根据一件家具的款式、用途不同，尤其是家具的款式，决定用什么样的榫卯。按构造合理、结构互相合作来归类，大致可分为三大类。一类主要是做面与面的接合，也可以是两条边的拼合，还可以是面与边的交接构合。如：槽口榫、企口榫、燕尾榫、穿带榫、扎榫等。另一类是作为"点"的结构方法。主要用于做横竖材丁字结合，成角结合，交叉结合，以及直材和弧形材的伸延结合。如格肩榫、双榫、勾挂榫、楔钉榫、半榫、透榫、闷榫等。其中半榫、透榫、闷榫主要是根据榫头是否出头来形象命名的。半榫的榫头不穿透榫眼，断面木纹不露。丁字形接合的透榫的榫头穿透榫眼，断面木纹外露。透榫比较坚固耐用，但不及半榫整洁美观。凡用在大面上的榫头多为半榫，用在小面上的榫头多为透榫。闷榫的两边榫头都不出头，从外表看为斜切45度相交，一般用于方材或圆材

角接合的南官帽椅、玫瑰椅等搭脑、扶手和前后腿的接合。楔钉榫基本上是两片榫头合掌式的交搭，但两片榫头中间有楔子，使榫头入槽后能紧贴在一起，起到固定作用。一般圈椅上的圆后背，所采用的即是楔钉榫造法，极为精致。还有一类是比较复杂的榫卯结构，将三个构件组合一起并相互联结。比如：长短榫、抱肩榫、棕角榫等。这些平时用的不是很多。

◆ 格肩榫

◈ 槽口榫

◈ 燕尾榫

◆ 穿带榫

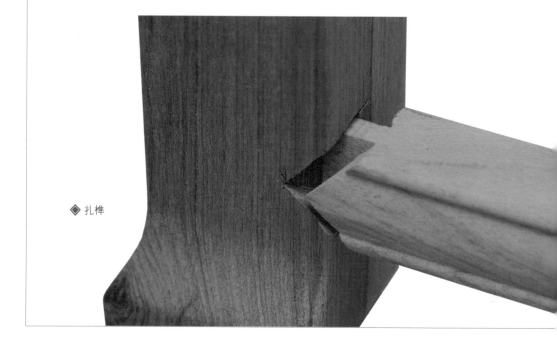

◆ 扎榫

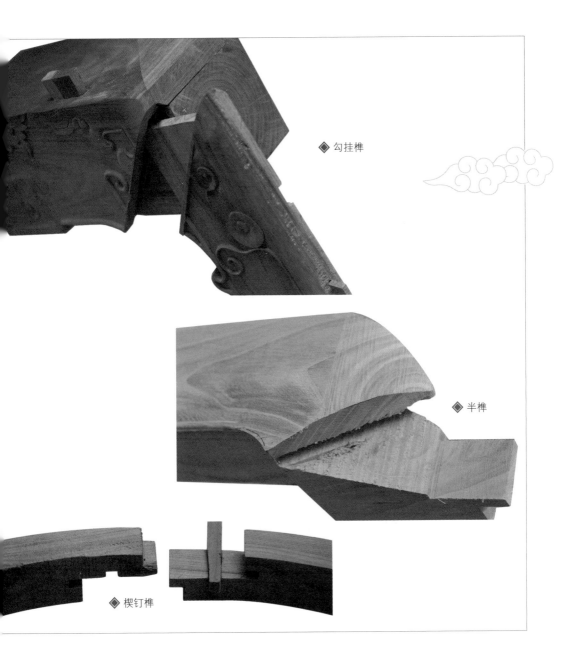

◆ 勾挂榫

◆ 半榫

◆ 楔钉榫

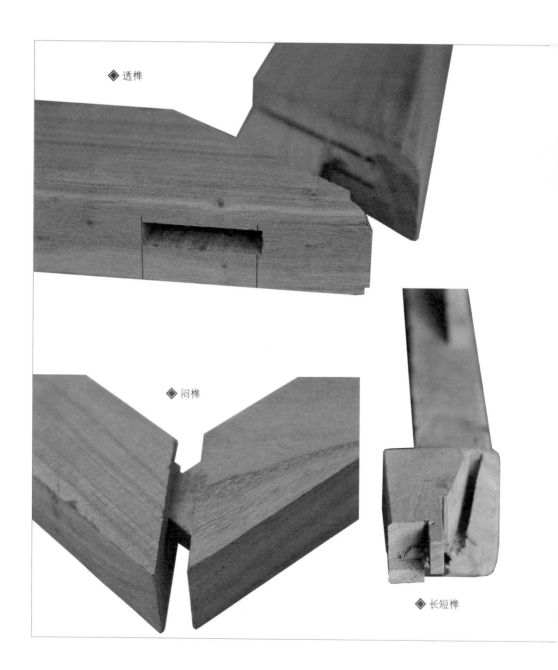

◆ 透榫

◆ 闷榫

◆ 长短榫

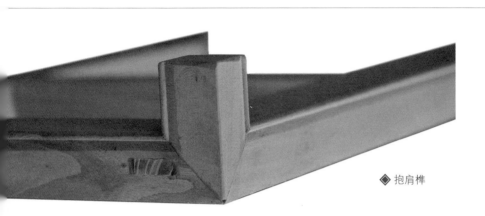

◈ 抱肩榫

◈ 粽角榫

　　京作硬木家具制作技艺的另一个重要方面即体现在雕刻上。在家具雕刻中讲究入刀精准，这是整个家具制作中的精华，也体现着操作者的技艺功力和水平。雕刻的作用主要是装饰，让人看着觉得东西美，另一方面中国的明清家具雕刻的内容都是吉祥的图案，含有吉祥的寓意在里面。雕刻在装饰手法中占首要地位。因为

◆ 浮雕

◆ 透雕

◆ 浮雕透雕结合

家具上绝大多数的纹样都是靠雕刻造出来的。雕刻表现力很强，技法表现出来基本上可以分为阴刻、浮雕、透雕、浮雕透雕结合、圆雕等五种。其中阴刻即线雕，硬木家具花纹纯作阴刻的很少见，更多的用在做匾额上。阴刻、阳刻用凸凹刻法来解释更形象，阳刻就是凸出来，阴刻是凹进去。不论何种雕刻技法，如浮雕、圆雕等，部分花纹总要兼用线雕才能完成，如花卉的叶筋、龙的鬃鬣等等。装饰家具，浮雕用得最多，显得沉稳

大气庄重，比如顶箱大柜上的雕龙。根据花纹突出的多与少，可分为高浮雕与浅浮雕。据花纹的疏密，又可分为露地、稍露地和不露地。露地一般指花纹之间露光地的雕刻。光地就是雕刻的底面。稍露地的，即花纹多于地。不露地的，其花纹都重叠交掩。透雕一般是将浮雕花纹以外的地子凿空，以虚间实，更好地衬托出主题花纹，起到很好的装饰效果。透雕相对浮雕来说立体感更强。一般太师椅靠背上的雕刻用透雕，显得庄重沉稳，还有空灵的感觉。浮雕透雕结合，是在一定的浮雕面积之外，再稍加透雕，或在较多的透雕花纹之间，留做浮雕，这种技法的兼用可以使装饰效果更强。圆雕一般用于雕人物佛像，或用在建筑上，有的面盆架腿足上端的莲纹柱顶或有的拐杖头上的蹲兽也是圆雕。

◆ 圆雕

京作硬木家具制作在表现题材方面主要通过雕刻的花纹图案体现出来。雕刻花纹的题材十分丰富，比

雅，古色古香，融合了商代青铜器和汉代石刻艺术文化，这是京作家具的一个成就之处。此外还有花鸟题材，

◆ 雕花床上的兰、菊、荷花等图案

较常用的有卷草纹、莲纹、云纹、灵芝纹、龙纹、螭虎纹、竹节纹、树皮纹等，这些不同形态的纹饰，文静典

多为牡丹、梅、兰、竹、菊、荷花等，这些与喜鹊、凤凰、飞燕等组合雕刻，往往有传统名称并富有吉祥寓

◆ 蝙蝠纹饰

意，如"喜上眉梢"、"玉堂富贵"、"凤穿牡丹"、"杏林春燕"等等。走兽中常用的题材是麒麟和狮子，有寓意"麒麟送子"，狮子代表少师、太师，还有代表几世的寓意，如果雕四只狮子代表"四世同堂"，雕五只狮子代表"五世同堂"。也有用羊、马、猴、象、鹿、鹤、蝙蝠等取其象征意义，分别代表"三阳开泰"、"马上封侯"、"封侯挂印"、"吉祥"、"财"、"长寿"、"福禄"等。山水题材主要表现风景，一般用于衣柜等的面板。人物题材以儿童为多，如"麒麟送子"、"婴戏图"、"百子图"等。其次是历史故事人物，如"加官晋爵"、"四大美人"、"八仙人"等图案。吉祥文字图案主要以"福、寿"为多。宗教图案主要以佛教八宝（"轮、螺、伞、盖、花、罐、鱼、肠"）为多，各个图案有着不同的寓意，

比如"轮"，代表白天黑夜，宇宙阴阳，
法轮常转寓意生生不息；"螺"，即海
螺，让人们能听到美妙的声音；"伞"，
寓意保护人们安全幸福的生活，免遭灾
难；"盖"，寓意升官发财；"花"，
即鲜花，寓意让人们每天都看到美丽漂亮
的东西；"罐"，是让人们储宝物的；

◆ 象形纹饰

◆ 雕刻四美图的金丝楠木顶箱大柜

◆葫芦图案

◆ 雕花床上的石榴、蟠桃等图案

◆ 雕刻有葡萄图案的顶箱大柜

"鱼",代表让人们生活幸福有余,年年有余;"肠"谐音"长",像中国结似的,没有头,寓意幸福万年长。此外还有一些取其谐音或者寓意吉祥的物品图案,如葫芦图案,取其与"福禄"谐音,"石榴、葡萄"图案寓意"多子","桃"图案寓意"长寿"等。还有的在雕刻图案上镀金,更显华美。不同的雕刻图案有不同的寓意,但总体表达的都是一种美好、幸福、长寿、福禄同在的愿望,表达了人们对美好生活的追求。通过这些图案,传递着中国人的智慧,而且体现着中国几千年传统文化的积淀。

不同的表现题材随着时代变化以及人们的个人喜好不同,在图案的运用上也多少有些变化。我们杜顺堂生产家具,除了沿袭一些过去的吉祥图案,也注意随着时代发展而有所创新,其中在山水、花鸟题材方面变化较为明显。特别在山水方面,多采

◆ 顶箱大柜上的山水雕刻图

用中国国画、宋代名画以及一些当代名画的题材来进行设计和雕刻，比如我们现在衣柜上雕刻的梅兰竹菊很清新典雅，和过去皇家家具以龙纹居多有些不同。这与时下人们更喜欢花鸟山水等清新的题材有一定关系。《红楼梦》热播时，我们创新雕刻的四美图的衣柜也很受欢迎。总体来说，古典家具上的雕刻尽管会随时代有所变化，但表现当代内容的很少，整体体现的都是一种古色古香、雅致清新的韵味。

此外，石材、藤席等材料，还包括铜饰件，在家具上既是部分构件，同时也各有装饰意义。其中石材以石板为主，常用作桌子、凳子的面心、屏风式罗汉床的屏心及柜门的门心等。用藤条编出暗花图案或者成人字、井字形的图案，用在精致的椅子

上，也别有风味。对铜制的饰件，统称"铜活"。铜活有一般的素铜活，还有鎏金、錾花、锤合等装饰方法。鎏金即是镀金。錾花即在饰件上錾凿花纹。锤合是将红铜和白铜锤打在一起，仗不同的铜色分出花纹。铜件的装饰可以使完全光素的家具打破沉寂，整体活跃起来。还有的在家具上镶嵌珐琅、嵌玉石、嵌象牙，甚至镶嵌珠宝，以达到富丽堂皇、新奇出彩的效果，这些特别在故宫里面的京作家具上表现比较突出。

总之，杜顺堂京作硬木家具制作在风格上追求明清家具的那种古典美，坚持榫卯结构的使用不变，雕刻图案的表现题材方面尽管会随时代变化，但寓意美好幸福、福禄长寿、恭喜发财等中国传统的题材总是主流。

◆ 云纹太师椅

采访手记

时间地点：2013年7月　北京杜顺堂家具行厂房
受采访人：杜新士
采 访 人：李自典

　　又一次与杜新士老师见面，他带领我们参观了杜顺堂京作硬木家具成品展厅。一件一件的家具放眼看去，甚是美观大方，置身其中，小憩一会儿，感觉空气中好像散发着一种古色古香的味道，使人备感安静祥和。杜老师带着我们从展厅的最东侧开始，一边给我们介绍每件家具的名称、做工特色，一边给我们讲起每件成品背后他和杜顺堂员工一起协作的故事。杜老师反复强调，从原料选材到成品，每一件家具做下来都凝聚了好几十人的辛勤劳动，每件作品都是大家共同合作的结晶，每个人都是作品的主人。

◆ 雕花圈椅

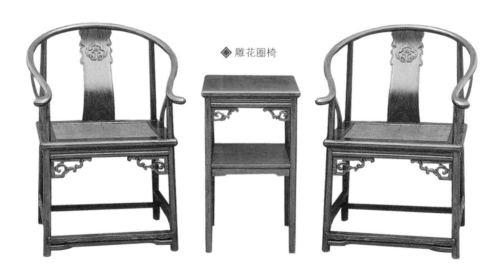

5 从技术到艺术
FROM TECHNIQUE TO ART

从改革开放后重新恢复杜顺堂名号，到现在发展为杜顺堂木作文化创意发展有限公司，我从事京作硬木家具这行已有二十多年了。总结过去，我体会最深的就是喜欢干这行，总爱琢磨，干着有乐趣也带劲。就像木有木筋一样，干古典家具这行要有立基

◆ 万字罗汉床

◆ 单翘美人榻

点，中国古典家具承载着中国五千年的文化，传承中国传统文化就是我们家具行的立基点。说起中国古典家具的特质，我认为就是雅正，是大雅大正，是堂堂正正的东西。从理解古典家具和传统文化中，我们杜顺堂形成了自己的企业宗旨，即"杜顺堂堂堂正正质为本，家具行行行诚诚

◆ 雕草龙翘头条案

信乃根。"有修养、有文化是干古典家具这行的人必备的素质，我就曾对杜顺堂的员工说："我们不仅是在做一件家具，还是在做一件艺术品，你们以后是艺术大师，是艺术家！""达到这个境界，这就是一个人价值的提升，是自我意识的提高，做出来那活儿，你就放心，堂堂正正！"说到杜顺堂这么多年来的生产经营，一直追求的是明清京作古典家具的传统风格要保留，在榫卯结构这个精髓技艺的运用方面要坚持不变。因此，我们杜顺堂出品的京作硬木家具在风格上沿袭古典是主流。

◆ 花梨木字台

◆ 雕花两节书柜

◆ 素面多宝阁

当然，在沿袭传统的同时，我们也有一些创新，这主要是顺应时代发展需要做的一些调整。比如床，过去是架子床、罗汉床作为明清时代人们主要的卧具，那么现在呢，我们做的有单床头挂床箱子，也有双床头挂床箱子，挂床头的这种家具更适合现代人的生活习惯了。还有咖啡台，原来就是方桌，根据现代人的生活习惯，我们生产过程中稍稍作了些调整，制成咖啡台，这就是结合现代发展的一种新趋势。又比如鞋柜，这种家具在过去基本没有，现在我们杜顺堂制作了一种玄关鞋柜，在玄关的设计上，我采用的是天圆地方

◆ 杜新士创新设计的青花瓷盘玄关鞋柜

的造型，四角有龙纹雕饰，中间又有
佛教八宝图案，中间的瓷盘表现的是
清新的山水画面，这样组合在一起，

◆ 席面六门电视柜

"天圆地方、福在眼前"等多少寓意
蕴含其中，这就是传统文化的体现。
此外，我们杜顺堂还根据现代家居的

◆ 卡花二屉二门电视柜

需要，创新生产制作了一些兼具古典风格和现代实用价值的家具，如电视柜、酒柜、三角椅、沙发等。有家必有家具。摆上这些有文化的家具，再摆放些收藏的瓶瓶罐罐，或者张挂一些文人字画，形成一个大的环境，一个文化氛围浓厚的居室就形成了，人在其中，自得其乐，慢慢不就改变了人的气质吗？所以说"居移质"，居室能改变人的气质。家具也传递着文化气息。

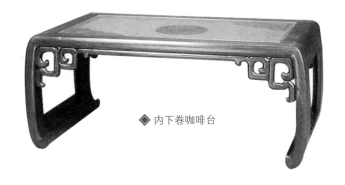

◆ 内下卷咖啡台

◆ 展盖酒柜

◆ 沙发六件套

沙发六件套是杜顺堂在沿袭传统的同时，适应现代生活需要而创新设计制作的产品。这套家具的生产制作工艺都是按照传统京作硬木家具技法，全部采用榫卯结构，雕刻装饰富有吉祥寓意，而在形式上类似于现代家居中常用的沙发。其六件套包括一个三人座沙发、两个单人座沙发、一个三人茶几、两个单人茶几。

◆ 三角椅

◆ 书房家具

书房是吟诗作画、读书写字的场所。其氛围讲究雅静，宜简不宜繁，宜朴不宜艳，宜雅不宜俗，因此，陈设在书房里的家具也应适应书房的功用，给书房塑造一个古朴而雅静的情调。杜顺堂出品的书房家具是由杜新士老师亲自设计的，该系列家具曾在2004年第七届中国（北京）国际家具及木工机械展览会上荣获古典家具铜奖。杜顺堂制作的书房家具套系一般由一把圈椅、两组书柜、一个字台组成，这些家具都采用榫卯结构，而且都有雕花装饰，其中书柜上半部分采用镂空雕花，既美观又便于查看书目，下面门板雕刻图案采用蝙蝠和团寿，取"四蝠捧寿"谐音，寓意幸福长寿。写字台和圈椅也有雕花配饰，展示着一种古典美。

　　杜顺堂出品的家具主要有两大类，一类是沿袭传统风格的占典款式，比如罗汉床、圈椅、条案等，一类是杜新士老师带领员工创新设计的兼具古典美与现代实用风格的改良款式，比如玄关鞋柜、电视柜、咖啡台、三角椅等。其中，1999年澳门回归前，杜顺堂接到任务，制作了盛放江泽民同志题词的《江山万里图》纪念礼物的里外三层的老红樟木箱子，这对杜顺堂来说是一个荣幸，也说明社会对杜顺堂制作技艺的认可。此外，杜新士老师设计的雕花圈椅、雕花书柜、雕花字台组成的配套的书房系列家具在2004年第七届中国（北京）国际家具及木工机械展览会上荣获古典家具铜奖。杜新士老师设计的青花瓷盘玄关鞋柜，造型既实用，又蕴含了丰富的美好寓意，每每谈及此物，杜老师脸上总是挂满了笑容，这是凝聚了他很多心血的作品。

采访手记

时间地点：2013年3月12日　北京杜顺堂家具行厂房
受采访人：杜新士
采 访 人：李自典

　　每次与杜新士老师见面，他总是热情招待，使我们一下子像忘年交一样攀谈起来。杜老师一边给我们讲解了他们家从业的历史故事，一边为我们讲述了他对京作硬木家具制作技艺的一些认识和自己多年工作的一些心得体会。朴实的话语，真情的流露，打动了我们在场的每一个人。

我们杜家从事家具制作这行有几代人的历史了，就我自己干这行也有二十多年了。从我自己的经验和认识来说，谈到精品的问题，我认为京作硬木家具制作这项技艺在历史上出现过很多精品，因为如果从清朝宫廷造办处说起，京作硬木家具的精品现在大多保留在故宫中，皇家的用品不论从各个方面来说都是极尽最好的。就现在来说，京作硬木家具的精品无论在用料还是工艺上与历史时期的精品是大同小异的，因为"京作"的风格注定了其精品的评价标准在历史上与现在没有多少差别。首先来说用料，

紫檀、花梨、金丝楠木等名贵木材是硬木家具制作的上选好料。再说工艺，巧妙运用榫卯结构使家具稳固又易长久保存，便于搬迁拆卸，这是一直传承未变的京作家具的核心技艺。再说表现主题，不论时世怎么变换，追求美好寓意是人类共通的理念。所以，评判精品尽管不同人有不同的观点看法，但是精品要经得起时间考验，得到社会各阶层人士的认可，这是不会错的一个基本原则。现在，京作硬木家具制作技艺被列入了非物质文化遗产，所以出精品的意识我认为要更加得到重视，在我们艺人心里要深深扎下根，我们从事这项技艺不能

单纯理解为就是做家具，我们要有一种文化的理念在里面。

关于京作硬木家具制作技艺在目前的发展状况，我们着实面临一些现实的困难，主要的有两大方面，一方面制作工艺面临失传。近年来，在激烈纷乱的市场竞争中，京作硬木家具的制作也和其他传统企业一样，陷入了发展危机。一是因为许多经验丰富的老师傅相继退休，岁数小的也已过半百了，还坚持在工作岗位上的寥寥无几。二是因为年轻一代很少有人愿意从事这门手工技艺。三是因为做硬木家具是劳动强度大的工作，同时对操作人员要求很高，在制作过程中，很多东西都是靠师傅带徒弟，口传心授而传承下来的，如果没有一定数量的人员来继承，老一代人一旦故去，青黄不接，某些技艺可能就会失传，而失传的技艺再想恢复就难了。可以说，京作硬木家具制作工艺到了需要保护抢救的地步。另一方面，现在

硬木原料的成本增长过快，而且工人手工工资也接连上涨，这些使得企业的经营在资金周转方面有些困难。比如，改革开放刚开始那时，红木、花梨、紫檀的价格为每吨7000～10000元，现在红木每吨为5～15万元，好一些的达到25万元一吨，紫檀现在约250万元一吨，海南黄花梨以前每吨1.2万元左右，现在涨到每吨差不多2千多万元。而且花梨木、紫檀等名贵木材产量不多，许多成为"濒危"物种，这使得原料问题成为京作硬木家具制作面临的一个直接威胁。再说工人手工工资，去年大概一天180元，今年就涨到200元每天，这还要包吃包住。可以想见，京作硬木家具制作如果单单当成一个社会经济行业去随着市场自然发展，它的明天会如何？一想到这些，我有时真有些发愁。不过，幸好在当下这样的发展关头，政府给了我们很多的帮助，把京作硬木家具制作技艺列入了北京市的非物质文化遗产保护范围，从政策及资金方面给我们

提供了尽可能的帮助，真真正正地帮我们
这些技艺的传承人解了燃眉之急，更主要
的是，通过宣传使更多的人开始认识和了
解这项技艺，重视它本身传承的文化，这
对我们来说是最大的欣慰。

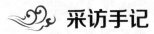# 采访手记

时间地点：2013年3月12日、5月17日　北京杜顺堂家具行厂房
受采访人：杜新士
采 访 人：李自典

　　与杜新士老师接触几次下来，我们对他们家从业的历史以及他自己这么多年来工作的一些体会有了些了解。出于对京作硬木家具制作技艺的喜爱和传承这项传统手工技艺的责任感，杜新士老师真心希望能有更多的年轻人来学这个技艺，不要把老辈的技艺弄丢了，因为古典家具本身承载了中国几千年的传统文化。这个情结成为杜新士老师目前的一大心事。另外，出于对传统文化的热爱，杜新士老师近十年来还坚持在做一套反映中国古典名著的雕花刻板工作，尽管困难重重，但是希望有朝一日能够完成自己的这个梦想也成为他目前另一大心事。

现在我快六十岁了，我的父辈师傅们都八十多了，我越来越有一种危机感和紧迫感。不为别的，就是怕这个京作硬木家具制作的技艺没人传承下去了，这个也成了我的一大心事。现在时代不同了，很多年轻人受不了苦，也觉得做这些挣不了多少钱，所以不愿学习这个技艺。我儿子大学毕业后回到"杜顺堂"工作，虽然他自小接触过这些家具制作的活计，自己也比较感兴趣做这个，但是这项技艺是需要童子功的，尤其是手工雕刻的活，没有多年的历练是不能独当一面的，好在他在大学学过机械制图，

在这方面又肯下点功夫，慢慢锻炼吧。对其他想学这个技艺的人，不管天南海北的，不管男的女的，我都愿意教，现在最怕的是没人愿意学。因为学习这个技艺，要耐得住枯燥和寂寞，能够安下心来踏踏实实地做。手艺这东西不是一天两天就能练出来的，要经过长时间的揣摩，反复地锻炼才能有所得。这么多年下来，愿意跟着我学的员工大概有二十来人吧，大都是一些出身比较苦，也能受苦的孩子，为了谋得一技之长，他们选择的活计都是我们整套家具制作中的某项技艺，不过后来都做得很好，现在有十多位自己当老板了。比如，我们

◆《红楼梦》故事雕刻板（1）

◆《红楼梦》故事雕刻板（2）

◆《红楼梦》故事雕刻板（3）

这儿的小张姐妹俩①，是从湖南来的女孩，很小时死了爸妈，姐儿俩在我这开始学习干油漆工，后来又跟着学做生意，慢慢成熟了，就出去自己当小老板了，干得特别优秀。还有一个小红②，她是让她爸爸从桥头捡来的，十几岁时到我们这儿来学打磨，人很老实听话，也很能吃苦，后来也慢慢锻炼着去开店了，现在过得很好。学手艺是个苦差事，但是要是真感兴趣钻研进去了，其中的快乐也是无穷的，看着一件件精美的家具从自己手中做出来，那种成就快乐感也是别人不能拥有的，所以现在真是希望有些年轻人能踏踏实实地学学京作硬木家具制作这个技艺，把这个文化遗产传承下去。

◆《三国演义》故事雕刻板（1）

现在我年纪越来越大了，搁在心里一直惦记的还有一个事，就是杜顺堂从2002年开始雕刻《红楼梦》和《三国演义》的整套故事图案展板，这个想法是我到法国卢浮宫参观后受到感触而激发出来的。目前，这个工作持续进行了十多年，经历过很多困难也都坚持克服了，预计每套雕刻230块板，已经完成了大部分，还差50多块就基本完工了。我曾设想自己有朝一日也能办个博物馆，通过这些木制手工雕刻的展板把中国的文化名著展示给世人，向全世界传播中国的传统文化。当然，办博物馆可能力不从心了，但无论如何，我希望有一天能把倾注了我多年心血的这套作品展示给大家，使大家能够从中领略通过木制雕刻工艺体现出来的中国传统文化的魅力。

◆《三国演义》故事雕刻板（2）

◆《三国演义》故事图稿与雕刻板（3）

本章注释 ————————————

①此处员工名用的是化名。

②此处员工名用的是化名。

采访手记

时间地点：2013年4月16日、7月6日　北京杜顺堂家具行厂房
受采访人：杜新士
采 访 人：李自典

　　这两次我们到杜顺堂家具行厂房拜见杜新士老师时，有幸见到了杜新士老师的儿子杜冠男、在厂里做活多年的木工季连山师傅和杜新士老师的朋友也是在厂里帮忙做铜活的肖书旺师傅。我们和他们分别攀谈了一会，从他们的口中我们听到了更多的故事，也了解了另外一个视野中的杜新士老师和杜顺堂文化，以及杜顺堂第六代传承人对这项技艺的想法。

我（杜冠男）生于1982年，上学时曾学过机械制图和企业管理，起初没有想过毕业后回杜顺堂工作。但后来我父亲和我谈过话，说他希望我毕业后继承家业，看着父亲期待的目光，我的想法逐步发生了转变。从小生长在从事京作家具制作的环境中，而且每逢寒暑假期间我也会帮着家里料理一些力所能及的活计，更重要的是随着年龄的增长，我对父亲的了解越来越深，对父亲从事的这项技艺也慢慢地有了一种敬仰的心理，就这样毕业后我回到了厂里，一方面开始专心地跟着父亲学习手工技艺，另一方

◆ 杜新士的儿子杜冠男

◆ 杜新士和杜冠男

面还运用自己在大学学到的知识对公
司的发展经营开始进行探索。

说起我的父亲，除了尊重，我还
很佩服他。我父亲打拼了几十年，使
杜顺堂从恢复家具行发展扩大到现在

的木作文化创意有限公司是很不容易
的，他除了在京作家具制作方面有着
比较高的技艺，对这项技艺承载的文
化传统有着深刻的认识之外，他为人
处事很有原则，讲究质量信誉，这是
几十年不变的企业文化根基。

谈到目前企业发展遇到的问题，我认为除了技艺传承有危机感，原材料价格飞涨和来源减少是很棘手的问题外，现在有些地方生产假冒劣质的古典硬木家具充斥市场，影响了正品高档硬木家具的良好信誉和流通，这也是比较现实的一个问题。所以加大对传统京作硬木家具制作技艺的宣传和推广，让更多的人真正了解这项技艺是非常必要的。另一方面，我们在继承传统，保留传统技艺不变的情况下，适应社会发展潮流，在题材方面有所扩充也是一个值得探讨的发展方向。比如新古典简约风格的家具就会比较受年轻人的喜欢，在这方面做些努力，对传统技艺的发展也会有些补益。

我（木工师傅季连山）从1998年就到杜顺堂工作了，这么多年和杜老板打交道，我觉得他懂的东西特别多，在家具这行里面，他给我们讲经验，结构什么的全慢慢都能掌握了。在生活上，杜老板对新来的员工，就像对自己的亲人一样，不管谁缺少使用的东西，他都给找齐全。在工作上，他对产品质量要求特别严格，他说这是对顾客负责任，做出好产品，顾客买了让人家放心用，出问题了可以修，一般的保证不出问题。我们杜顺堂售后工作做

◆ 木工师傅季连山

得特别好，说保修三年，三年以后有问题打电话，杜老板照样还会派人去给修。

　　我（铜活师傅肖书旺）和老杜认识很多年了，我认为老杜平常对职工关心很细，除了生活上帮着解决困难，从思想上，他也特别关心年轻人，注重师傅带徒弟，培养年轻人，经常说得培养他们，咱们得后继有人，特别想把手艺传承下去。他经常鼓励大家，让工长带着新职工上公园，启发年轻人对传统文化的热爱，我觉得一般老板做不到这个。在工艺质量上、榫卯结构上，他要求我们的活要做得比人家更好。在售后方面，杜顺堂售后服务很好。比如有的人买的是别人家做的家具，但需要修理的，也来找老杜帮着修。老杜也跟工长他们说都给修，他说既然人家找你是相信你，咱们做好活，诚信做事。老杜在为人处事方面的原则，正如他对待京作硬木家具技艺一样，认真、诚信，正因为这样，传统的技艺才会流传下去。

◆ 铜活师傅肖书旺

后 记
POSTSCRIPT

　　2012年年底，我有幸参加了"北京非物质文化遗产传承人口述史"丛书的访谈和编写工作。该套丛书是由北京非物质文化遗产保护中心组织立项的"北京非物质文化遗产传承人口述历史"项目的成果，由中国艺术研究院的苑利研究员、北京联合大学应用文理学院非物质文化遗产研究所所长顾军教授担任主编。接到任务之前，我刚刚博士后出站来到北京联合大学应用文理学院工作，项目启动后，顾军教授让我负责采访杜顺堂京作硬木家具制作技艺传承人杜新士。面对这个机会，我既感到非常高兴，也不免心怀忐忑，担心自己不能很好地完成此重任。于是，我给自己定了一个基调——以一名"小学生"的心态去积极学习，尽自己最大努力去做好每一项具体工作。功夫不负苦心人，采访工作步步推进、顺利完成。开始撰写前，苑利研究员、顾军教授对丛书的总体框架进行了指导，对写作体例等进行了具体说明。此书初稿完成后，他们又对其进行了认真审阅，并提出了非常有益的修改意见和建议。正是在他们的帮助下，才使得这本书得以顺利完成。

　　这本书的写作稿几经修改，最后的写作体例与最初的"一问一答"式的采访调查模式不同，但是内容都是通过采访和录音整理而来，尽量做到保持传承人口述的原汁原味。在访谈开始前，我首先制定了采访大纲，依据计划了解的内容，预先设计了很多问题。但在实际采访开始后，我发现会有很多意外收获，因为被访者——传承人杜新士老师并非仅是被动地有问必答，而是在相互攀谈过程中，他会展示给我许多意想不到的信息，会谈到许多我原本没有想到要提问的内容，而对他认为不必要讲的东西或者觉得没什么好说的东西就简略而过了。这样，每次访谈回来我都会重新修改和调整采访纲要，每次都是一个新的开始。对我而言，这次项目进行过程中的访谈无异于为我打开了一扇窗口，让我见到无数新鲜的内容，这些都是在查阅书本文献中无法见到的，也使我在从事历史研究过程中真正体会到了口述史的魅力。

书稿即将付梓，溯望承担京作硬木家具传承人口述访谈项目的过程，对我来说不啻为一种"新学"。为做好这个访谈，我事先查阅了一些有关京作硬木家具制作的著述，对这门技艺有了一点粗略的认知，而通过访谈传承人，我又知道了很多书本上没有的历史故事，这不仅丰富了我的知识，更极大地开阔了我的研究视野。我越发深刻地认识到，做历史研究，走向民间将是一个广阔的天地。另一方面，访谈结束后整理资料及写作书稿的过程，并不只是写作完成一本书那么简单，更是我了解学习非物质文化遗产如何保护的一次难得的实践机会。通过实践考察，我认识到非物质文化遗产的保护可以是多样化的，可以通过现代化的科学技术手段进行录音、摄像、摄影等形式记录下来，但是，最重要的保护在于传承，通过传承人将传统技艺承袭下来才是最好的保护方法。我们这套丛书选择以传承人口述非物质文化遗产为主题，正是看到了传承人在非物质文化遗产保护中的特殊和重要作用，这也是该套丛书的价值和意义所在。从此角度而言，我们每一位参与采访工作的人都是在做一件非常有意义的事情。

通过承担这个项目，我收获良多，感触匪浅。除了收获知识，增长见识外，我还与传承人杜新士及其儿子杜冠男成了朋友，这也颇让我感到欣慰。记得我刚联系杜新士老师说明访谈事宜时，我还怕因为可能耽误他们工作会不受欢迎。可电话打通后，我的疑虑顿时消散，杜老师热情的话语使我倍感亲切，这也奠定了我们成为朋友的第一步基石。见面之后，杜新士老师给我的印象除了热情之外，还有为人诚恳实在，做事认真严谨。我们的访谈先后进行了四次，每次杜老师都非常热情地接待我们，有时候他带着我们到车间参观制作流程，耽误一整天时间，他都没有一句怨言，而且还盛情款待我们。他对京作硬木家具制作技艺有着深厚的感情，访谈过程中他多次提到制作家具不只是简单的手工活，而是有文化的韵味在其中，有修养、有文化是从事古典家具这行的人必备的素质。他以自己对古典家具和传统文化的理解，认为"我们不仅是在做一件家具，还是在做一件艺术品"，所以在制作家具过程中他要求每一道工序都必须严谨认真地去做，力求每一件产品出来都是精品，质量必须过硬。他对京作硬木家具制作技艺的传承非常关心，曾不止一次和我说起随着他年纪的增长，越来越希望能有更多的年轻人来学习这门技艺，不要把老辈的技艺弄丢了。这份对京作硬木家具制作技艺的深厚情感，令我备受感动。

书稿完成后，我交给传承人杜新士老师审阅，他认真通读了每个文字，对其中因录音整理和语言理解上产生的种种不准确的内容及文字进行了校正，对有些人名，比如讲到在他那里学徒的"小红"，考虑到人家也许不愿报署真名，他就建议我们作了化名处理。

本书的写作由我独自完成，但这部口述史著作却不仅仅是我个人努力和付出的结晶，而是我与被访者以及许多其他给予帮助的朋友共同完成的。本书的撰写，要感谢北京非物质文化遗产中心的大力支持，没有他们的资助，很可能就没有这套丛书的出版。感谢主编苑利研究员、顾军教授对我的信任，感谢他们给予我这个机会，使我有幸参与这项非常有意义的工作，也感谢他们为书稿的顺利完成所提供的帮助和指导。感谢杜顺堂京作硬木家具制作技艺传承人杜新士老师及其儿子杜冠男，以及他们的

◆ 杜新士接受采访

朋友肖书旺师傅、季连山师傅，还有杜老师家人对本书的写作给予的莫大支持和帮助，没有他们的配合与协助，根本不可能有本书的成型。感谢摄影师王巍、崔景华，在我采访杜新士老师的过程中，他们很辛苦地拍摄了非常精美的照片以作为本书的配图，使本书增色不少。感谢跟随我进行实践调查采访的学生李寿远、路秉寰、张瑶、蔡梦迪、张艾伦、周健芬等，他们在采访过程中帮着记录笔记，采访回来又帮助整理了一些录音资料，他们为此书的完成也付出了辛劳。当然，也要向我的爱人道声感谢。在我怀孕期间，为支持我的工作，他陪我去采访，给予我无微不至的照顾，更给我很大鼓舞。最后要感谢首都师范大学出版社徐建辉副社长对此书出版给予的大力支持，感谢王延娜编辑为此书出版付出的辛劳，正是在他们的帮助下才使此书得以顺利出版。

鉴于作者水平有限，书中内容、文字等如有疏漏或舛误敬请指正。

李自典
2014年8月

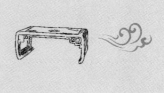

The lines of such furniture are striking as they set each other off, while the configuration is rigorous, dignified, elegant, and beautiful. Composed of valuable material and sculpted with superb craftsmanship, the furniture is bestowed dignity, luxury, and elegance.